BEI GRIN MACHT SICH ![barcode]
WISSEN BEZAHLT

- Wir veröffentlichen Ihre Hausarbeit,
  Bachelor- und Masterarbeit

- Ihr eigenes eBook und Buch -
  weltweit in allen wichtigen Shops

- Verdienen Sie an jedem Verkauf

Jetzt bei www.GRIN.com hochladen und kostenlos publizieren

Bibliografische Information der Deutschen Nationalbibliothek:

Die Deutsche Bibliothek verzeichnet diese Publikation in der Deutschen National-
bibliografie; detaillierte bibliografische Daten sind im Internet über http://dnb.d-
nb.de/ abrufbar.

Dieses Werk sowie alle darin enthaltenen einzelnen Beiträge und Abbildungen
sind urheberrechtlich geschützt. Jede Verwertung, die nicht ausdrücklich vom
Urheberrechtsschutz zugelassen ist, bedarf der vorherigen Zustimmung des Verla-
ges. Das gilt insbesondere für Vervielfältigungen, Bearbeitungen, Übersetzungen,
Mikroverfilmungen, Auswertungen durch Datenbanken und für die Einspeicherung
und Verarbeitung in elektronische Systeme. Alle Rechte, auch die des auszugsweisen
Nachdrucks, der fotomechanischen Wiedergabe (einschließlich Mikrokopie) sowie
der Auswertung durch Datenbanken oder ähnliche Einrichtungen, vorbehalten.

Impressum:

Copyright © 2015 GRIN Verlag, Open Publishing GmbH
Druck und Bindung: Books on Demand GmbH, Norderstedt Germany
ISBN: 9783668171220

Dieses Buch bei GRIN:

http://www.grin.com/de/e-book/317730/das-ebola-virus-und-das-ebola-fieber-eine-
gefahr-auch-fuer-deutschland

Benjamin Dörsam

Das Ebola-Virus und das Ebola-Fieber. Eine Gefahr auch für Deutschland?

GRIN Verlag

GRIN - Your knowledge has value

Der GRIN Verlag publiziert seit 1998 wissenschaftliche Arbeiten von Studenten, Hochschullehrern und anderen Akademikern als eBook und gedrucktes Buch. Die Verlagswebsite www.grin.com ist die ideale Plattform zur Veröffentlichung von Hausarbeiten, Abschlussarbeiten, wissenschaftlichen Aufsätzen, Dissertationen und Fachbüchern.

Besuchen Sie uns im Internet:

http://www.grin.com/

http://www.facebook.com/grincom

http://www.twitter.com/grin_com

Gleichwertige Feststellung von Schülerleistungen (GFS)

Biologie

Das Ebola Virus
Das Ebola Fieber

Vorgelegt von:

Benjamin Dörsam
Ludwig-Erhard Schule Mosbach
WGW 11/2
29.01.2015

Inhaltsverzeichnis

Abbildungsverzeichnis

1. Vorwort

Ebola ist gerade aktuell ein sehr präsentes Thema, da dieser Virus in mehreren westafrikanischen Staaten eine der größten Epidemien aller Zeiten ausgelöst hat. Eine solch schlimme Epidemie, wie zurzeit, ist von dem Ebola- Fieber nicht bekannt.[1] Die leitende Direktorin des amerikanischen Nationalen Sicherheitsrates, Gayle Smith, sagt hierzu:

»Hier geht es nicht um eine afrikanische Krankheit. Dieser Virus bedroht die gesamte Menschheit. «[2]

Und das sehe ich genauso, da das Virus in Einzelfällen auch in die USA, nach Spanien und nach Deutschland eingeschleppt wurde. Gerade erst am 04.01.2015 wurde ein Patient mit Ebola Verdacht in der Charité in Berlin eingeliefert. Dieser hätte sich bei dem Einsatz in Westafrika angesteckt. Dies hat sich zwar nicht bestätigt[3], aber wenn es sich bestätigt hätte, wäre er dann eine Gefahr für Deutschland? Zwar wurde er mit einem Spezialflugzeug nach Deutschland gebracht[4], aber kann dadurch jedes Risiko für ganz Deutschland, von einer Epidemie überrascht zu werden, ausgeschlossen werden?

Aufgrund der aktuellen Präsenz habe ich dieses Thema gewählt, da ich mir selbst die Frage gestellt habe, was genau dieser Virus mit unserem Körper macht und wie hoch die Wahrscheinlichkeit ist, dass der Virus auch in Deutschland eine Epidemie auslöst.

Mein Ziel ist es meine Klasse umfassend über das Thema zu unterrichten. Ich hoffe das Thema verständlich und klar darstellen zu können, so dass alle vorkommenden Fakten verstanden werden.

Mosbach, 29.01.2015

Benjamin Dörsam

---

[1] Vgl. http://de.wikipedia.org/wiki/Ebolafieber-Epidemie_2014
[2] http://info.kopp-verlag.de/medizin-und-gesundheit/was-aerzte-ihnen-nicht-erzaehlen/michael-snyder/16-apokalyptische-zitate-von-vertretern-von-gesundheitsbehoerden-aus-aller-welt-zur-entsetzlichen-.html
[3] Vgl. http://www.morgenpost.de/berlin/article136546013/Ebola-Verdachtsfall-in-Berlin-bestaetigt-sich-nicht.html (26.01.2015)
[4] Vgl. http://www.rki.de/DE/Content/InfAZ/E/Ebola/Kurzinformation_Ebola_in_Westafrika.html

2. Allgemeines

2.1 Namensgebung

Der Name Ebola geht auf den gleichnamigen Fluss in der Demokratischen Republik in Kongo zurück. In der Nähe dieses Flusses wurden 1976 diese Viren gefunden, die im gleichen Jahr die erste große bekannte Epidemie verursacht hatten.[5]

2.2 Verbreitung

Besonders stark ist der Virus in Westafrika verbreitet. Betroffen sind aktuell Liberia, Sierra Leona und Guinea. Außerdem Nigeria und der Senegal. Weitere Fälle sind aus Mali, Spanien, den USA und Großbritannien bekannt. Am 29.12.2014 ist erstmals ein Ebola-Fall in Schottland aufgetreten. Kurz darauf wurde der Patient in eine Spezialklinik nach London geflogen.[6]

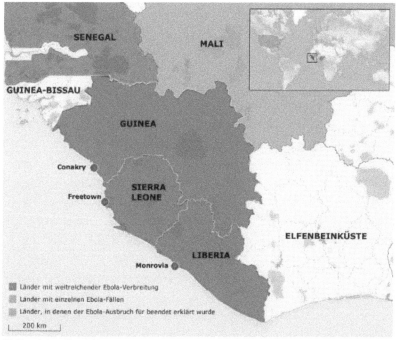

Abbildung 1: Betroffene Gebiete

[5] Vgl. http://de.wikipedia.org/wiki/Ebolafieber
[6] Vgl. http://www.abendzeitung-muenchen.de/inhalt.ebola-fall-in-glasgow-ebola-patientin-in-londoner-spezialklinik.3bdbf009-50a7-42e5-bcaf-e58a36336ae6.html

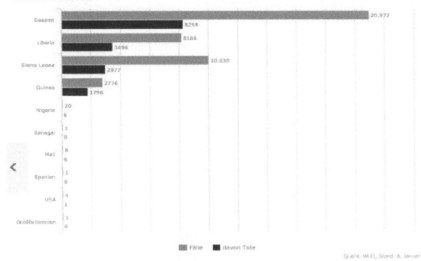

Ebola-Fälle und Tote

Abbildung 2: Ebola-Fälle und Tote

3. Das Ebola-Virus

3.1 Allgemeines

Das Ebola-Virus verursacht das Ebola-Fieber. Es hat eine fadenförmige Struktur und ist circa 1-4 Mikrometer groß. Die Viren besitzen die Fähigkeit sich in fast allen Zellen des Wirtes zu vermehren. Ein, mit dem Ebola-Virus verwandten Virus wurde 1967 mit Affen aus Uganda eingeschleppt. [7] Das sogenannte Marburg Virus. Ein Unterpunkt des phylogenetischen Baumes. Es gibt verschiedene Spezies des Virus. So ist der Zaire Virus für uns lebensbedrohlich und der Reston-Virus (damals durch die Luft übertrage worden) kann uns nichts anhaben. Alle gehören zu der Gruppe der Filoviren.Das Ebola-Virus ist ein besonders mutier freudiges Virus.[8]

---

[7] Vgl. http://de.wikipedia.org/wiki/Ebolavirus
[8] Vgl. http://www.zdf.de/ZDFmediathek#/beitrag/video/2254348/Ebola:-Virus-au%C3%9Fer-Kontrolle

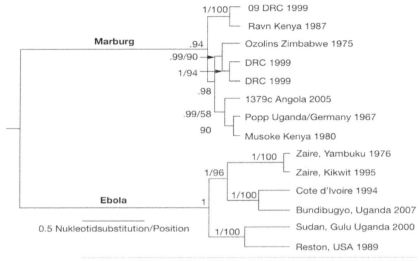

	1/100	09 DRC 1999
		Ravn Kenya 1987
Marburg	.94	Ozolins Zimbabwe 1975
	.99/90	DRC 1999
	1/94	DRC 1999
	.98	1379c Angola 2005
	.99/58	Popp Uganda/Germany 1967
	90	Musoke Kenya 1980

1/100 Zaire, Yambuku 1976
1/96   Zaire, Kikwit 1995
Ebola 1 1/100 Cote d'Ivoire 1994
                    Bundibugyo, Uganda 2007
0.5 Nukleotidsubstitution/Position 1/100 Sudan, Gulu Uganda 2000
                    Reston, USA 1989

Aus: Harrisons Innere Medizin, 18. Auflage (Copyright: ABW Wissenschaftsverlag GmbH)

Abbildung 3: Phylogenetischer Baum v. Ebola

3.2 Übertragung

3.2.1 Von Mensch zu Mensch

Das Virus wird durch direkten Kontakt mit Blut oder Körperflüssigkeiten, wie Schweiß, Speichel, Urin, etc. von infizierten Menschen oder auch verstorbenen[9] übertragen. Besitzt der Patient keine Symptome (s. 5.1) so ist keine Ansteckung möglich. Eine Übertragung durch die Luft ist nicht möglich. Anders als bei Grippeviren, bedarf es zur Ansteckung von Ebola einen Schmierkontakt. Besonders behutsam sollten Frauen bei ungeschütztem Geschlechtsverkehr mit einem genesenen Mann sein, da die Erreger noch 3 Monate nach den ersten Krankheitsanzeichen in der Samenflüssigkeit nachgewiesen werden können.[10] Besonders Schleimhäute sind Eintrittspforten für den Virus.[11] Ein Ebola-Kranker steckt im Schnitt 1,5 weitere Personen an. Zum Vergleich: Bei Grippe oder Masern ist diese Zahl 8-10-mal höher. Auf glatten Oberflächen hält sich der Virus einige Stunden. Eine gesunde Haut kann diese Viren allerdings abwehren. In

---

[9] Bei Verstorbenen ist das Risiko zur Infektion höher.
[10] Vgl. http://www.infektionsschutz.de/erregersteckbriefe/ebola-fieber/#c60924, http://www.medscapemedizin.de/artikel/4902707
[11] Vgl. http://de.wikipedia.org/wiki/Ebolavirus#.C3.9Cbertragung

Körperflüssigkeiten ist der Virus auch erst dann nachzuweisen, wenn der Patient nicht mehr mobil ist, also wer noch Sport treiben kann oder einkaufen, ist nicht ansteckend.[12]

3.2.2 Durch Kontakt mit Tieren

Wie schon in Punkt 3.1 erwähnt, wurde das Virus vermutlich durch den Kontakt mit infizierten Wildtieren eingeschleppt. Eine Ansteckungsgefahr besteht bei Kontakt mit Blut oder anderen Körperflüssigkeiten von toten oder infizierten Tieren. Besondere Gefahr geht von den Flughunden und Menschenaffen aus. In Afrika ist ebenfalls eine Infektion durch Verzehr von rohem, infiziertem Fleisch[13] möglich. Die heimischen Tiere in Deutschland besitzen den Virus nicht im Blut.[14] Die Buschmenschen in Afrika verzehren alles, was Sie finden können, das erhöht die Gefahr der Übertragung. Sie essen auch Affen, die sich leicht fangen lassen, obwohl man sich eigentlich vorstellen kann, dass diese wohl nicht mehr vollgesund sind. Oder auch verendete Tiere, die im Straßengraben liegen. Hier ist die Gefahr für Konsumenten weniger hoch, da dieses Fleisch oft gekocht am Markt angeboten wird und die Viren so abgetötet werden. Die Gefahr für Jäger und alle Personen die mit dem rohen Fleisch in Kontakt kommen ist allerdings sehr hoch.[15]

Abbildung 4: Übertragungsmöglichkeiten von Ebola durch Flughunde

---

[12] Vgl. http://www.zdf.de/ZDFmediathek#/beitrag/video/2254348/Ebola:-Virus-au%C3%9Fer-Kontrolle
[13] Rohes Fleisch wilder Tiere wird auch Buschfleisch genannt.
[14] Vgl. http://www.infektionsschutz.de/erregersteckbriefe/ebola-fieber/#c60924
[15] Vgl. http://www.zdf.de/ZDFmediathek#/beitrag/video/2254348/Ebola:-Virus-au%C3%9Fer-Kontrolle

3.3 Inkubationszeit

Allgemein versteht man unter einer Inkubationszeit die Zeit, die zwischen der Infektion mit einem Krankheitserreger und dem ersten Auftreten von Symptomen vergeht.[16]

Die Inkubationszeit beträgt zwischen zwei und 21 Tagen.[17] Meistens beträgt Sie zwischen 8-10 Tagen. 0,2 – 12 % liegen allerdings über diesen 21 Tagen.[18]

3.4 Was macht der Virus in unserem Körper?

Das Ziel der Viren sind die Makrophagen (Zellen des Immunsystems). Dazu besitzen sie die passenden Rezeptoren. Also findet hier ein Schlüssel-Schloss Prinzip statt. Nach einiger Zeit platzen die Wirtszellen auf, aus ihnen kommen viele Kopien des Virus heraus. Die befallen dann immer mehr Makrophagen, solange bis der Körper nicht mehr mit der Bewältigung der Viruslast auskommt. Dem Patient geht es immer schlechter, er entwickelt immer mehr und ausgeprägtere Symptome (s.5.1).[19]

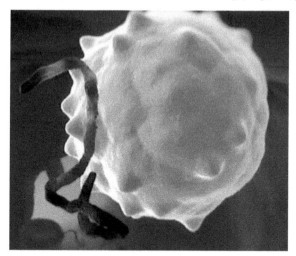

Abbildung 5: Ebola-Virus greift Makrophage an

---

[16] Vgl. http://de.wikipedia.org/wiki/Inkubationszeit
[17] Vgl. http://www.rki.de/SharedDocs/FAQ/Ebola/Ebola.html
[18] Vgl. http://de.wikipedia.org/wiki/Ebolavirus http://www.onmeda.de/krankheiten/ebola.html
[19] Vgl. http://www.zdf.de/ZDFmediathek#/beitrag/video/2254348/Ebola:-Virus-au%C3%9Fer-Kontrolle

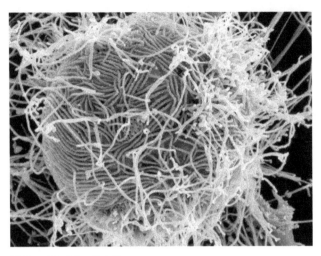

Abbildung 6: Darstellung Ebola-Virus

Ein noch nicht klinisch zugelassener Impfstoff versucht nun, die Anlaufstellen für das Schlüssel-Schloss Prinzip zu blockieren (s. 5.4).

4. Das Ebola-Fieber

Unter dem Ebola-Fieber versteht man den Zustand, der durch das Ebola-Virus ausgelöst wurde.

4.1 Symptome/Verlauf

Zu den Symptomen gehören vor allem Fieber (über 38,5°C), Schüttelfrost, Kopfschmerzen und Muskelschmerzen. Der Patient fühlt sich schlagartig krank, er ist nun ansteckend. Im weiteren Verlauf kommt/kommen Erbrechen, Durchfall, Magenkrämpfe und Halsschmerzen hinzu. Nun sollte auf jeden Fall ein Arzt aufgesucht werden. Es kommt zu einer Gerinnungsstörung. Also kommt es zu inneren und äußeren Blutungen, häufig im Magen-Darm-Trakt sowie in den Schleimhäuten im Auge, Mund oder Genitalbereich.[20] Im Endstadium kommt es zu Multiorganversagen (Niere, Leber etc. versagt) durch Störungen der Flüssigkeitsverteilung, Nekrosen (Absterben von Zellen) und vielem weiteren. Die

---

[20] Vgl. http://www.onmeda.de/krankheiten/ebola-symptome-1584-4.html

Erkrankten müssen oft qualvoll sterben. 50-80% sterben an diesem Schock-Zustand bei dem mehrere lebensnotwendige Organe versagen.[21]

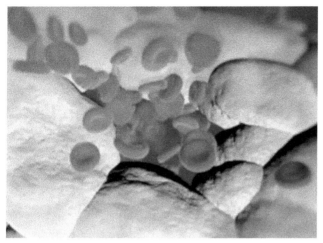

Abbildung 7: Blutgerinnungsstörung, Gefäße werden undicht

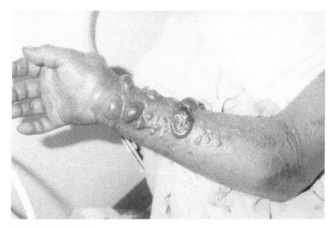

Abbildung 8: Blutblasen

---

[21] Vgl. http://flexikon.doccheck.com/de/Ebolafieber

4.2 Diagnose

Es wird oftmals die Labordiagnostik angewandt, bei der Speichel, Blut oder Urin auf Viruslast untersucht wird.[22] Auch werden manchmal Gewebeproben entnommen. Dieses wird in ein spezielles Hochsicherheitslabor eingesendet, diese sind in den Entwicklungsländer natürlich nicht oder nur unzureichend vorhanden.[23]

4.3 Therapie

Es gibt noch keine ursächliche Therapie. Es wird aber an einem Impfstoff geforscht (s. 5.4). Besonders wichtig für die Patienten ist die Isolation, Ruhe, fiebersenkende Mittel und ausreichende Flüssigkeitszufuhr.[24]

4.4 Zukunftsaussichten/Impfung

Es wurden schon in Tierversuchen zwei hilfreiche Mittel getestet. Allerdings muss ein Medikament bevor es zugelassen wird immer drei Sicherheitsstufen durchlaufen.

1. Das Medikament wird an einer kleinen Gruppe gesunder freiwilliger getestet. In dieser Phase werden mögliche Nebenwirkungen beobachtet.
2. Das Medikament wird an einer größeren Gruppe gesunder Menschen getestet, um die richtige Dosierung festzustellen.
3. Anschließend wird das Medikament an hunderten/tausenden Menschen direkt getestet.

Seit Sommer 2014 wird mehr für die klinische Entwicklung investiert. Im November 2014 war die erste Phase abgeschlossen. Anfang 2015, wann genau ist unklar, soll das Medikament direkt in der dritten Phase getestet werden. Allerdings sollen erst alle Ärzte, Helfer, etc. geimpft werden.[25]

Einer der beiden Impfstoffe wird aus der Tabakpflanze gewonnen. Diese kann man so sehr manipulieren, dass sie menschliche Antikörper herstellen. Momentan ist aber nicht viel von diesem Impfstoff verfügbar.[26]

---

[22] Vgl. http://de.wikipedia.org/wiki/Ebolafieber#Behandlung
[23] Vgl. http://www.onmeda.de/krankheiten/ebola-diagnose-1584-5.html
[24] Vgl. http://www.zdf.de/ZDFmediathek#/beitrag/video/2254348/Ebola:-Virus-au%C3%9Fer-Kontrolle
[25] Vgl. http://www.zdf.de/ZDFmediathek#/beitrag/video/2328464/nano-vom-23-Januar-2015
[26] Vgl. http://www.zdf.de/ZDFmediathek#/beitrag/video/2254348/Ebola:-Virus-au%C3%9Fer-Kontrolle

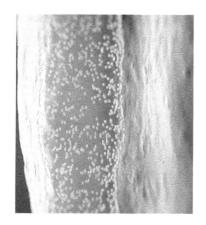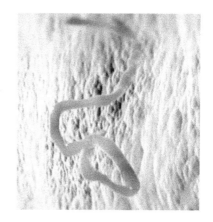

Abbildung 9: Impfstoff blockiert den Zugang für das Virus - der Ebola Virus kann nicht mehr in die Makrophage eindringen

4.5 Präventionsmaßnahmen

Der Kontakt zu Ebolaverdachtsfällen und Erkrankten ohne Schutzbekleidung ist unzulässig. Des Weiteren müssen bei einem Ebola Verdacht von dem medizinischen Personal bestimmte Schutz- und Isolierbestimmungen eingehalten werden. Leichen werden mit Chlor desinfiziert um das Infektionsrisiko zu verringern. Es gibt auch ein Flussschema dazu, in dem geregelt ist, wie sich Ärzte bei bestimmten Anzeichen verhalten müssen.[27] Bei einem Verdacht muss sofort ein Ebola-Team dazu gerufen werden, in Westafrika hat die Regierung alle kulturellen bzw. landesüblichen Bestattungsmethoden als nicht mehr haltbar bewertet. Das heißt ein großes Problem ist auch das Misstrauen von Ärzten auch aufgrund des langen Bürgerkrieges. Viele denken immer noch, dass es Ebola nicht gibt und dass ihnen die Regierung nur ihr ganzes Blut abnehmen will. Viele dort bekannte Sänger und Gruppen versuchen die Bevölkerung mit Songs o.Ä aufzuklären. Auch die Bürgermeister der Krisengebiete ziehen durch die Ortschaften und klären auf. Viele Grenzen sind überwacht, aber durch die undurchlässigen Grenzen ist die Übertragung des Virus möglich. Es ist auch für Familien nicht leicht, die Leichen nicht anzufassen, denn in ihrer Religion wäscht man bspw. die Leichen vor der Bestattung. Dies hat die Regierung allerdings verboten. Jeder unklarer Todesfall muss der Regierung gemeldet werden und ein Ebola-Team desinfiziert die Leiche und nimmt diese anschließend mit. Seit neustem

---

[27] Vgl. http://www.rki.de/SharedDocs/FAQ/Ebola/Ebola.html ,
http://www.rki.de/DE/Content/InfAZ/E/Ebola/EbolaSchema.pdf?__blob=publicationFile

werden die Leichen nicht mehr verbrannt, sondern aufgrund des Rückgangs der Infektionen dürfen die Leichen wieder unverbrannt beerdigt werden. Es werden nun sogenannte „Ebola-Friedhöfe" errichtet. [28]

4.6 Vorbereitung auf den Ernstfall am Beispiel von Deutschland

Bei uns bereitet sich regelmäßig die Charité in Berlin auf den Ernstfall vor. Es finden regelmäßige Seuchenübungen statt, bei denen die Tropenmediziner in einen sogenannten Chemical Blue[29] steigen und eine Behandlung simulieren. Die Mediziner dürfen höchstens 3 Stunden in einem solchen Schutzanzug sein. In der Klinik gibt es Quarantäneräume/Isolierstationen. In ihnen befindet sich ausbruchssicheres Glas und eine Kamera zur Videoüberwachung vom Pflegestützpunkt aus. Nach jedem Betreten der Isolierstation, auch nur im Übungsfall wird der Schutzanzug mit Essigsäure desinfiziert. Ein Ebola-Fall würde mehrere 100.000 Euro kosten.[30]

5. Ausbruch in Westafrika 2014

5.1 Die Epidemie

Letztmalig war das Virus in Uganda 2012 aufgetreten. Wo war das Virus also von 2012 – 2014?

Wie schon in Punkt 3.2.2 beschrieben, wird Ebola auch von Flughunden auf Menschen übertragen. Daher kam es wohl bei Kontakt von Flughund und Mensch zu dieser Epidemie.

In Guinea begann die Epidemie, wo im Februar 2014 einzelne Ebola Fälle bekannt wurden. Danach wurden die benachbarten Länder Sierra Leone und Liberia infiziert. Im August trat das Ebola-Fieber auch in Nigeria, Mali und Senegal auf. Es erfolgte eine Kettenreaktion, bis Ende September 2014, ganz Westafrika infiziert war.[31] Der Virus löscht ganze Dörfer aus. Sierra Leone trifft es am meisten und es ist eines der ärmsten Länder der Erde. Dort ist die Übertragung noch gefährlicher, da es dort nur Häuser ohne fließendes Wasser gibt. Auch Ärzte haben Angst vor dem Virus da sich

---

[28] Vgl. http://www.zdf.de/ZDFmediathek/beitrag/video/2230256/Ebola---Reise-in-die-Todeszone#/beitrag/video/2230256/Ebola---Reise-in-die-Todeszone
[29] Schutzanzug, der die Mediziner vor einer Infektion schützen.
[30] Vgl. http://www.spiegel.de/video/ebola-uebung-an-seuchenstation-der-berliner-charite-video-1513243.html
[31] Vgl. http://de.wikipedia.org/wiki/Ebolafieber-Epidemie_2014

immer mehr mit dem Virus anstecken. Momentan haben sich 240 Helfer mit dem Virus infiziert und 120 sind daran gestorben. Eine Studie hat nachgewiesen, dass nur 3 von 10 Personen Ebola überleben. Warum der eine überlebt und der andere nicht weiß man nicht, das liegt an dem jeweiligen Immunsystem.[32] Momentan sind 21.720 Personen an Ebola erkrankt und 8.640 Personen an dem Ebola-Fieber verstorben. Man geht allerdings von einer hohen Dunkelziffer aus. Man geht davon aus, dass die Epidemie noch mehrere Monate anhält. Man erklärt erst eine Epidemie als beendet, wenn 42 Tage kein neuer Fall bekannt ist. Aus aller Welt sind Helfer dort und es kommen auch regelmäßig Helfer um die Teams vor Ort zu unterstützen.[33]

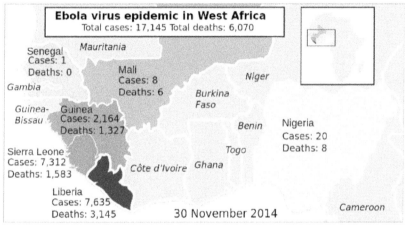

Abbildung 10: Ebola Gebiete mit der Anzahl der Toten

Durch die Abholzung des Regenwaldes rücken Mensch und Tier immer mehr zusammen und Krankheiten, auch Ebola können schneller von dem Tier auf den Mensch übertragen werden.[34]

5.2 Gefahr für Deutschland

Das Risiko, dass das Virus nach Deutschland eingeschleppt wird ist sehr Gering. Von 100 Flugpassagieren hat nur ca. 1 Person Deutschland als Ziel. In den betroffenen Ländern werden außerdem Ausreisekontrollen durchgeführt, dies verringert die Gefahr für Deutschland ebenfalls erheblich. Selbst wenn einige Fälle von Ebola in Deutschland auftreten würden, wäre eine Epidemie nahezu

---

[32] Vgl. http://www.zdf.de/ZDFmediathek#/beitrag/video/2254348/Ebola:-Virus-au%C3%9Fer-Kontrolle
[33] Vgl. http://de.wikipedia.org/wiki/Ebolafieber-Epidemie_2014
[34] Vgl. http://www.zdf.de/ZDFmediathek#/beitrag/video/2254348/Ebola:-Virus-au%C3%9Fer-Kontrolle

ausgeschlossen, da wir darauf vorbereitet sind und alle Dinge gegeben sind um eine Infektionskette zu unterbrechen.[35]

---

[35] Vgl. http://www.rki.de/SharedDocs/FAQ/Ebola/Ebola.html

Literaturverzeichnis

Literatur

Textquellen:

http://de.wikipedia.org/wiki/Ebolafieber-Epidemie_2014 (02.01.2015)

http://info.kopp-verlag.de/medizin-und-gesundheit/was-aerzte-ihnen-nicht-erzaehlen/michael-snyder/16-apokalyptische-zitate-von-vertretern-von-gesundheitsbehoerden-aus-aller-welt-zur-entsetzlichen-.html (15.01.2015)

http://www.morgenpost.de/berlin/article136546013/Ebola-Verdachtsfall-in-Berlin-bestaetigt-sich-nicht.html (26.01.2015)

http://www.rki.de/DE/Content/InfAZ/E/Ebola/Kurzinformation_Ebola_in_Westafrika.ht ml (15.01.2015)

http://de.wikipedia.org/wiki/Ebolafieber (02.01.2015)

http://www.abendzeitung-muenchen.de/inhalt.ebola-fall-in-glasgow-ebola-patientin-in-londoner-spezialklinik.3bdbf009-50a7-42e5-bcaf-e58a36336ae6.html (26.01.2015)

http://de.wikipedia.org/wiki/Ebolavirus (02.01.2015)

http://www.infektionsschutz.de/erregersteckbriefe/ebola-fieber/#c60924 (19.01.2015)

http://www.medscapemedizin.de/artikel/4902707 (05.01.2015)

http://de.wikipedia.org/wiki/Ebolavirus#.C3.9Cbertragung (12.01.2015)

http://de.wikipedia.org/wiki/Inkubationszeit (02.01.2015)

http://www.rki.de/SharedDocs/FAQ/Ebola/Ebola.html (24.01.2015)

http://www.onmeda.de/krankheiten/ebola.html (22.01.2015)

http://www.onmeda.de/krankheiten/ebola-symptome-1584-4.html (22.01.2015)

http://flexikon.doccheck.com/de/Ebolafieber (18.01.2015)

http://de.wikipedia.org/wiki/Ebolafieber#Behandlung (12.01.2015)

http://www.onmeda.de/krankheiten/ebola-diagnose-1584-5.html (15.01.2015)

http://www.rki.de/DE/Content/InfAZ/E/Ebola/EbolaSchema.pdf?__blob=publicationFil e (26.01.2015)

Filme:

http://www.zdf.de/ZDFmediathek/beitrag/video/2230256/Ebola---Reise-in-die-Todeszone#/beitrag/video/2230256/Ebola---Reise-in-die-Todeszone, 24.01.2015

http://www.zdf.de/ZDFmediathek#/beitrag/video/2328464/nano-vom-23-Januar-2015 (24.01.2015)

http://www.zdf.de/ZDFmediathek#/beitrag/video/2254348/Ebola:-Virus-au%C3%9Fer-Kontrolle (05.01.2015)

http://www.spiegel.de/video/ebola-uebung-an-seuchenstation-der-berliner-charite-video-1513243.htm (16.01.2015)

Abbildungen

Abbildung 1: http://www.spiegel.de/gesundheit/diagnose/ebola-karte-verbreitung-in-westafrika-und-weltweit-a-998567.html

Abbildung 2: http://www.harrisons-online.de/b2c-web/image/H18_197-01_zoom.jpg

Abbildung 3: http://www.20min.ch/infografiken/1516/infografik.jpg

Abbildung 4: http://i.onmeda.de/es/detalle_virus_ebola-580x435.jpg

Abbildung 5: Standbild aus:

http://www.zdf.de/ZDFmediathek#/beitrag/video/2254348/Ebola:-Virus-au%C3%9Fer-Kontrolle (20.20 Min.)

Abbildung 6:

http://dccdn.de/pictures.doccheck.com/images/ae4/47f/ae447f01a0e6ebab37160c62b8b43422/52662/m_1407855616.jpg

Abbildung 7: Standbild aus:

http://www.zdf.de/ZDFmediathek#/beitrag/video/2254348/Ebola:-Virus-au%C3%9Fer-Kontrolle (19.17Min.)

Abbildung 8: Standbild aus:

http://www.zdf.de/ZDFmediathek#/beitrag/video/2254348/Ebola:-Virus-au%C3%9Fer-Kontrolle (19.00 Min.)

Abbildung 9: Standbild aus:

http://www.zdf.de/ZDFmediathek#/beitrag/video/2254348/Ebola:-Virus-au%C3%9Fer-Kontrolle (25.17 Min.)

Abbildung 10: http://de.wikipedia.org/wiki/Ebolafieber-Epidemie_2014#mediaviewer/File:2014_ebola_virus_epidemic_in_West_Africa.svg

Fazit

Ich selbst habe aus dieser Arbeit das Resümee gezogen, dass Ebola immer noch und auch immer eine Gefahr bleiben wird. Vielleicht jetzt noch nicht für Deutschland, aber dies kann sich vielleicht auch in einigen Jahren ändern, denn die Menschen und die Natur rücken immer näher. Bezugnehmend auf mein Vorwort besteht laut meiner Recherche keine Gefahr, von einer Epidemie überrascht zu werden. Ich selbst habe mir Ebola schlimm vorgestellt, aber so schlimm wie ich es in dieser Arbeit herausgearbeitet habe, habe ich es mir nicht vorgestellt. Zum Glück ist die Situation in Westafrika mittlerweile besser. Erstmals sind innerhalb einer Woche weniger als 100 Menschen an Ebola erkrankt. Trotzdem sollte man meiner Meinung nach nicht zu optimistisch sein, denn so schnell wie die Epidemie entstanden ist, kann sie sich auch wieder ausbreiten.

„Die Lage in den Ebola-Krisengebieten bleibt trotz Besserung weiterhin kritisch"

Mit diesem Satz, der zum Nachdenken veranlasst, schließe ich meine Arbeit ab. Ich sehe viel Potenzial in den Impfstoffen und hoffe auch, dass diese die Epidemie eindämmen/stoppen können.

BEI GRIN MACHT SICH IHR WISSEN BEZAHLT

- Wir veröffentlichen Ihre Hausarbeit, Bachelor- und Masterarbeit

- Ihr eigenes eBook und Buch - weltweit in allen wichtigen Shops

- Verdienen Sie an jedem Verkauf

Jetzt bei www.GRIN.com hochladen und kostenlos publizieren

Lightning Source UK Ltd.
Milton Keynes UK
UKHW011437021120
372651UK00003B/676

9 783668 171220